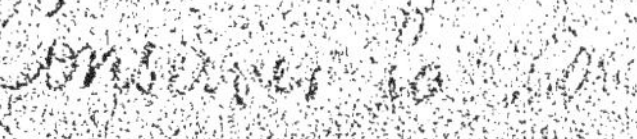

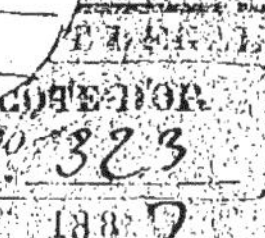

NOTICE

SUR LE

CLOS DE VOUGEOT

OU

LE PHYLLOXÉRA AU XVe SIÈCLE

PAR

M. l'abbé René GARRAUD,

CURÉ DE PRÉMEAUX, MEMBRE DE L'ACADÉMIE DE DIJON

ET DE PLUSIEURS AUTRES SOCIÉTÉS SAVANTES

(Extrait du *Bulletin de l'Œuvre de Saint-Joseph*)

CITEAUX

Côte-d'Or

IMPRIMERIE ET LIBRAIRIE

1888

NOTICE

SUR LE

CLOS DE VOUGEOT

PAR

M. l'abbé René GARRAUD,

CURÉ DE PREMEAUX, MEMBRE DE L'ACADÉMIE DE DIJON
ET DE PLUSIEURS AUTRES SOCIÉTÉS SAVANTES

(Extrait du *Bulletin de l'Œuvre de Saint-Joseph*)

CITEAUX
Côte-d'Or
IMPRIMERIE ET LIBRAIRIE

1888

NOTICE

SUR

LE CLOS DE VOUGEOT

L'un des plus beaux fleurons de la magnifique couronne de propriétés qui entouraient jadis la célèbre abbaye de Cîteaux était sans contredit le fameux clos de Vougeot. Sa réputation universelle, incontestée, restera-t-elle incontestable malgré le fléau dévastateur qui détruit notre riche vignoble et dont les atteintes n'ont pas épargné le clos renommé? Les moines du monastère de Sainte-Marie-de-Cîteaux qui l'ont créé, avaient établi protectrice et patronne de toutes leurs possessions la divine mère du Sauveur. Pendant sept siècles la Vierge bénie, gardienne des biens de l'Abbaye et spécialement de ses vignes : « *Posuerunt me custodem in vineis* » (*Cant. des Cant.* I, 5) (1), soutint le courage des moines dans les multiples évènements et les revers dont nous allons essayer de raconter les péripéties. Il y a moins de cent ans que l'on a ignominieusement chassé la céleste gardienne : est-il superflu aujourd'hui de regretter son absence ?

Sur le versant de la chaîne de montagnes peu élevées qui s'étend de Dijon à Chagny, et qu'empourprent, dès l'aurore, les feux du soleil levant, on remarque, à 15 kilomètres au midi de Dijon, un vaste enclos dont la partie orientale borde la grande route. Cette grande propriété, qui a près de cinquante hectares uniquement plantés en vigne, est entourée de hautes murailles au milieu desquelles s'élève une habitation, sorte de château, qu'il n'est pas en-

(1) Ils m'ont établie la gardienne de leur vigne.

core temps de décrire, et qui renferme dans son enceinte les cuves et les pressoirs nécessaires à l'exploitation du vignoble. Dans le mur qui sépare le clos de la route s'ouvre, à égale distance des extrémités méridionales et septentrionales, une vaste porte couverte et cintrée sur laquelle, avec un peu d'attention, depuis la ligne ferrée qui relie Paris à Marseille et qui passe à trois cents mètres de là, le voyageur attentif peut lire ces mots que l'on y a tracés en gros caractères : *Clos de Vougeot.*

Il est rare, en effet, de ne pas rencontrer dans le nombre de ceux qu'emporte, à toute vapeur, le char de feu, quelques étrangers au pays de Bourgogne, qui, pendant plus d'une heure, négligent de prendre part aux conversations, pour examiner le coteau célèbre où mûrissent les raisins qui donnent un des premiers vins du monde. Ce qui les frappe le plus, dans ce panorama semblable à un kaléidoscope placé sous leurs yeux, et ce qui restera gravé dans leur mémoire, c'est le Clos de Vougeot qu'ils ont longtemps cherché du regard et qu'ils fixent dans leur souvenir.

L'aspect en est grandiose et le manoir qui le signale à l'attention a quelque chose d'imposant, comme tout ce que les moines de Cîteaux ont bâti. C'est là que, dès le douzième siècle, les Cisterciens construisaient de nombreux celliers ; c'est là que le puissant abbé de Cîteaux établissait au seizième siècle sa maison de plaisance.

De nos jours, on oublie trop ou on affecte trop d'oublier les bienfaits de l'ordre spirituel, intellectuel, moral et même matériel dont nous sommes redevables au Christianisme et à l'Eglise. Il est bon de les rappeler.

Nos plus belles propriétés ont été, la plupart du temps, créées par les moines. Telle plaine aujourd'hui fertile n'était, à l'origine, qu'un marais fangeux qu'ont desséché et assaini les religieux d'une Abbaye. Telle usine, tel château, telle splendide basilique qui font la richesse d'un pays ou l'orgueil d'une grande ville, ont été édifiés par les patients labeurs des nombreux Bénédictins de toutes observances.

On accuse trop facilement les moines de paresse et d'indolence ; on leur refuse, à tort, le droit bien légitime, d'avoir joui, peut-être avec excès, des gigantesques travaux qu'ils ont accomplis pendant les années qui se sont écoulées du sixième au quatorzième siècle. C'est une injustice.

L'exemple du Clos de Vougeot, que nous prenons entre mille,

contribuera, nous aimons à le croire, à dissiper cet injuste préjugé.

A la fin du onzième siècle, les cent cinquante journaux de vigne qui composent aujourd'hui le Clos de Vougeot n'étaient que des friches et des terres incultes livrées au pâturage (1). Ce n'était pas. on le voit, une mince entreprise, que de transformer, par le travail, ces terrains en un riche vignoble. Toutefois la plus grosse difficulté n'était pas dans le défrichement. Ce versant de la montagne appartenait à un grand nombre de propriétaires, dont voici les principaux : Le duc de Bourgogne, le baron de Montbis-les-Gilly, le sire de Chambolle, l'Abbaye de Saint-Germain-des-Prés (de Paris) et le prieuré de Saint-Vivant (de l'ordre de Cluny). Il y avait en outre une quantité de petits possesseurs. Tous tenaient à conserver leurs droits ou à sauvegarder leur autorité, et l'enchevêtrement des propriétés et des juridictions amenait souvent plus d'un conflit.

Acquérir peu à peu de chacun de ces propriétaires les parcelles de terre qu'ils possédaient, les affranchir des nombreuses juridictions auxquelles elles étaient soumises, pour en former un des domaines les plus riches et les plus indépendants de la Bourgogne, eût été un labeur au-dessus des forces d'un seul individu, peut-être même de toute une famille, et à coup sûr bien capable de lasser la patience des plus hardis.

Il ne découragea pas les moines de Cîteaux. Quatre donateurs, dont l'histoire ne nous a pas conservé les noms, furent, au commencement du douzième siècle, du nombre des premiers bienfaiteurs de l'Abbaye naissante de Cîteaux, que l'on appelait alors *le nouveau monastère de Sainte-Marie*, et devinrent comme les fondateurs du Clos de Vougeot.

On sait qu'en 1086, Eudes Ier, duc de Bourgogne, et Raynald, vicomte de Beaune, donnèrent à Robert, abbé de Molême, et à ses religieux, un désert appelé *Cistercium*, situé au milieu de vastes forêts, pour y jeter les fondements d'un monastère. Les possesseurs des terres aux environs du couvent, édifiés de la sainteté de ces pieux solitaires, s'empressèrent à l'envi, ecclésiastiques et laïques, de leur donner les parties de leurs possessions qui avoisinaient l'enclos de Cîteaux.

A peine quinze ou vingt ans s'étaient-ils écoulés que les reli-

(1) *Cartularium antiquum Cistercii*. T. 1, fol. 90 et 91 (Archiv. de la Côte d'Or).

gieux, dont le nombre s'augmentait sans cesse, durent chercher à utiliser leurs forces plus loin du monastère. L'occasion fournie par les quatre donateurs dont nous avons parlé, fut accueillie avec faveur. Ils abandonnaient aux religieux huit journaux de terres en friche sur le finage de Gilly, (*apud Gilliacum fundum*) (1) moyennant la somme de *Vingt sols* une fois payée et *deux tuniques de futaine* que les héritiers présomptifs de l'un des donateurs devaient obtenir des moines (2).

Cette première donation fut le noyau du Clos de Vougeot et des nombreuses possessions que l'Abbaye de Cîteaux acheta ou reçut de la libéralité des fidèles, sur le vaste territoire qui s'étend depuis le bourg de Meursault jusqu'aux portes de Dijon.

A la même époque, c'est-à-dire de 1108 à 1116, et par conséquent du temps de saint Bernard qui prit l'habit à Cîteaux en 1113, l'Abbaye de Saint-Germain-des-Prés, à laquelle appartenait la seigneurie de Gilly, augmentait le petit domaine des Cisterciens à Vougeot. Par un acte passé en présence de Reynald, abbé de Saint-Germain (1108-1116), cette dernière cédait à Étienne Harding, troisième abbé de Cîteaux (1109-1133), outre les bois, terres et prés du fief de Gimigny (3), quatre journaux de friches qui attenaient aux huit premiers journaux qu'ils possédaient déjà sur le finage de Gilly.

Les religieux de Cîteaux devaient planter en vigne ces douze journaux de terre et payer à l'abbaye de Saint-Germain un cens en blé et en avoine pour la première donation, et pour la seconde un cens de *10 Sols* par an et un muid de vin pour la dîme. Les Cisterciens trouvèrent, plus tard, ces redevances trop onéreuses, se refusèrent de les payer, ce qui nécessita plus d'une fois l'intervention du légat du Pape.

Ce ne fut que lentement et par des donations ou achats successifs, que les moines de Cîteaux purent arriver à constituer leur domaine de Vougeot. Indépendamment des deux premières libéralités que nous venons de relater, on compte entre les années 1227 et 1331, une vingtaine d'acquisitions de petites pièces de vigne de

(1) *Cartularium antiq.* Supra Citat.

(2) *Duas tunicas de fustania*, ibid.

(3) Ce lieu, détruit depuis des siècles, existait, selon toute apparence, entre Villebichot et la grange de Brétigny ou Saint-Bernard.

deux, de trois, de quatre ouvrées, situées dans le grand Clos de Vougeot. « *In magno clauso de Voigeto inter muros clausuræ cellarii Cistercii*, etc. »

Le vignoble s'étendait, selon les expressions de l'antique Cartulaire, à droite et à gauche « *à dextris et à sinistris.* » Au nombre des principaux et plus anciens donateurs, on voit figurer Wiriac de Chambolle, Hugues le Blanc, de la célèbre maison de Vergy, et Walo Giles, chevalier de Vergy. Ce dernier est indiqué, avec Eudes le Gras et Eudes le Vert, comme ayant donné la terre où le premier cellier fut construit et la vigne au-dessous de ce terrain « *terram in qua cellarium constructum est; vineam quam habemus subtus prædictum cellarium nobis contulerunt Odo, cognomento Viridis, et Odo Crassus et uxor ejus et filii eorum* (Cartularium antiq. ibid.).

Dans les documents relatifs à la formation de l'écrin vinicole de l'illustre Abbaye, on trouve, outre ceux que nous venons de citer, les noms suivants des donateurs ou vendeurs de vignes aux abbés pour les douzième, treizième, quatorzième et quinzième siècles : il n'est que juste d'en faire ici mention. Ce sont : Parise, de Vougeot, et Pétronille sa femme; Gauthier, de Gilly, dit Rosselas, et Marie, sa femme; Pariset, de Vougeot, et Pernette, sa femme; Odo Marey, de Vougeot, et Guillemette, sa femme; Henriet, de Villebichot; Gautier Potot, de Vougeot; Pierre, curé d'Eschaux; Méline, de Villebichot; une veuve Masson; Etienne, chanoine de Beaune; Pierre Poutot, Perrin Bouhier, ès Echézeau; Mongenet, au même lieu; André Masson et Clémence, sa femme; Jean Raymond; Jean Arduennez; Huguenin, de Saint-Loup; Jacques Mariette; Deniset; une veuve Fichansoin; Marceau Brachetet; Pernette Fideret; Etienne et Marguerite Fideret; Hugues Lemoissenot; Henri Simonet; Pierre Raymond; Louis Dechazan; une veuve Pierre Guibert (1).

Au nombre des climats englobés dans le Clos au moyen de ces dons et acquisitions, on cite : les Eschonay, le quartier d'Escoilles, le quartier du Porchier, le Pertuis-au-Cugne, Musigny-Melot, Devant-la-Maison, à la Porte-Saint-Martin, le Conroy-des-Echézeau, la Combotte, le quartier de Maire-au-Musigny, les Echézeau, le Buchilier, aux Côtes, le quartier du Tites, au Châtrel, etc. Tous ces noms de climats ont été absorbés par ceux qu'on distingue encore aujourd'hui et qui sont comme les divisions territoriales de la ven-

(1) *Le Clos de Vougeot*. Aug. Luchet. Paris, imprim. Bénard, rue Damiette, 1859.

dange : petit et grand Maupertuis, Maret haut et bas, Plante l'Abbé, Garenne, Musigny-Chioures, Dix journaux, Quatorze journaux, Montiottes hautes et basses, Bandes Saint-Martin nord et sud, etc.

Voilà le Clos de Vougeot tel que nous le voyons aujourd'hui, et tel que les moines et les siècles l'ont fait.

Il faut remonter jusqu'en 1164 pour trouver son nom inscrit dans un acte authentique. On le lit, pour la première fois, dans une bulle du pape Alexandre III; c'est ce même pontife qui renouvelait, quatorze ans plus tard, en faveur des religieux de l'Abbaye Saint-Seine, les privilèges accordés par ses prédécesseurs au sujet de Notre-Dame du Chemin, centre d'un pèlerinage bourguignon très renommé et peu distant du Clos de Vougeot. Les biens de l'Abbaye de Cîteaux, et tout particulièrement le Clos de Vougeot, son cellier et ses dépendances, sont placés, par Alexandre III en 1164 et par Innocent III en 1199, sous la protection spéciale du pape : « *Cellarium de Vooget cum appendiliis suis.* »

On retrouve ce nom dans un acte où Etienne de Mont-Saint-Jean, seigneur de Vergy, en partie du chef de sa mère, céda aux Cisterciens, en 1188, le chemin qui, de nos jours encore, part de la grande route de Dijon à Beaune pour longer au nord les murs du Clos, et qui se confond un peu plus loin avec le chemin de Vosne à Chambolle, pour aller déboucher juste au-dessus des anciennes carrières d'où furent tirés l'église et le monastère de Cîteaux : « *Viam petrariæ de Vouget.* (1) »

Ce nom de Vougeot, *Vooget*, *Vouget*, tire vraisemblablement son origine de la petite rivière de la Vouge qui coule à quelques pas du fameux vignoble.

A l'époque des Ducs de Bourgogne bénéficiaires, au neuvième siècle, et surtout sous les Ducs de la première race royale, au onzième, ces grands personnages, qui tenaient cour à Dijon et à Beaune, parcouraient souvent, eux et leur suite, la route qui sépare ces deux villes bourguignonnes. Ils firent bâtir, à égale distance environ de ces deux cités, c'est-à-dire sur les bords de la Vouge, des hôtelleries pour les ambassadeurs et les courriers. Des maisons plus modestes vinrent, peu à peu, se grouper autour de ces riches et hospitalières demeures, et offrir aux voyageurs moins for-

(1) Mém. de la Com. des Ant. de la Côte-d'Or. 1862.

tunés un asile dans un nouveau village, que l'on appela aussi Vougeot (1).

L'époque précise où apparaissent les limites extrêmes du Clos fameux nous échappe. Elle paraît être postérieure au douzième siècle et antérieure au quinzième. Elles sont en effet clairement indiquées dans un acte sans date, mais visiblement très ancien, qui reconnaît les droits des religieux de Saint-Vivant à prélever la dîme sur tout ce que les Cisterciens possédaient et sur tout ce qu'ils pourraient acquérir à gauche de la route qui va de Beaune à Dijon, « *a stratâ publicâ quæ â Belnâ ad Divionem tendit* » depuis un chemin qui, de cette route, gagne la montagne « *sicut rua Morlem vadit ab ipsâ stratâ usque ad verticem montis qui vocatur Belmont* », et depuis ce chemin jusqu'à la rivière de la Vouge, qui n'est séparée du Clos que par les maisons du village « *et ab ipsâ ruâ Morlem usque ad fluviolum qui vocatur Vooge.* »

Les limites du Clos sont dès lors précisées; mais il faut arriver jusqu'à la fin du quinzième siècle pour lui trouver toute sa perfection, l'admirer avec sa belle enceinte de hautes murailles, ses imposantes constructions et surtout avec ses franchises et immunités, si enviées des moines de Cîteaux.

C'est ainsi que nous le dépeint, sous le duc Charles le Téméraire, un vieux terrier de Gilly, où nous lisons la déclaration suivante :

« Es-vénérables, à cause de leur fondation et ancien patrimoine de Cisteaux, compète et appartient un grand *meix claux de meurs à l'entour*, auquel a plusieurs maisons que l'on appelle communément *le cellier de Vougeot;* auquel maisonnement a une chapelle fondée en l'honneur de Sainte-Marie-Magdeleine, avec plusieurs celliers, chambres, cuveries et deux pressoirs à vin. Tout lequel *meix* ou pourpris, selon l'ancienne clouson, tant en court, maisons, jardins et autres lieux deans icelle clouson, est tenu et réputé d'ancienneté, estre lieu d'immugnité et de franchise exempt de justice séculière (2). »

Avant de raconter deux épisodes importants relatifs au Clos de Vougeot dans les treizième et quinzième siècles, il ne sera pas inutile de mettre en parallèle la manière dont on le cultivait dès

(1) Aug. Luchet citat. passim.

(2) Terrier de Cîteaux 1474 (Arch. C.-d'or). Mém. de la Comm. des Ant. C.-d'Or 1862.

le douzième siècle avec celle qui est employée aujourd'hui. Le lecteur, et le vigneron surtout, trouveront dans le règlement de la culture du Clos plus d'un modèle à imiter ; car on peut dire que nulle part en Bourgogne, ni peut-être en Europe, on ne cultive mieux la vigne qu'au Clos de Vougeot.

Voici d'abord comment les moines procédaient il y a sept cents ans (1) : Des manœuvres, *fodiatores, pictatores,* donnaient les deux premiers coups. Les frères convers de Cîteaux, sous la direction *du maître du Cellier de Vougeot, (Magister cellarii de Vouget),* faisaient le reste. Suivant une tradition qui vivait encore à Cîteaux au dix-septième siècle, le vaste grenier qui surmonte le grand cellier aurait servi de dortoir à ces religieux du second ordre.

Ce ne fut qu'à partir du quartorzième siècle que les frères convers furent remplacés par des vignerons que l'abbaye empruntait aux villages voisins.

A cette même époque les Cisterciens construisaient le magnifique château de Gilly, à un quart de lieue environ du Clos. Le gouverneur du château ne tarda pas à remplir à l'égard des vignerons les fonctions de *Maître du Cellier*, et les caves de Gilly, beaucoup plus sûres que celles des anciens celliers, puisqu'elles dépendaient d'une *Maison forte*, reçurent même la plus grande partie des vins.

Les renseignements sur la culture du Clos par les moines sont très sommaires ; au contraire, les détails abondent sur la manière dont la vigne est traitée à Vougeot de nos jours. La raison de cette différence est facile à saisir.

Nous donnons ici le règlement de la culture de la vigne au Clos de Vougeot, communiqué en 1859 par l'administration du Clos à Mr le docteur Lavalle. Ce sera le côté pratique de cette étude :

Immédiatement après vendanges, les échalas seront arrachés et mis en tas.

Labour. Il en sera donné quatre, savoir : Le premier, immédiatement après que les échalas auront été arrachés ; le second, après la taille, à la fin ou au commencement de Mars. Ces deux labours,

(1) *Histoire et Statistique de la vigne*, par M. Lavalle. (Renseignements de M. Joseph Garnier pour la culture du Clos de Vougeot.

de bas en haut, seront donnés le plus profondément possible; par ce moyen les ceps seront mieux rehaussés, la vigne plus parfaitement plantée et elle restera mieux en place.

Le troisième labour sera donné à la mi-Juin, selon que la saison sera plus ou moins précoce; et enfin le quatrième, après la moisson. Ces deux labours donnés, comme on le pratique habituellement, de *haut en bas*.

Nettoyage. Le nettoyage consiste à ôter tous les chicots, brindilles et faux jets des ceps ; à réduire à une seule saillie ou branche de l'année ceux qui ne sont destinés ni à être provignés, ni à fournir des greffes, et enfin à ne laisser à ces derniers que des saillies saines et vigoureuses, et de préférence les plus basses, à la longueur desquelles on ne doit rien retrancher.

Provins. Les provins étant les régénérateurs de la vigne, on ne saurait donner trop de soins à les bien faire. Le premier de tous est de s'assurer de la qualité du plant que l'on désire propager. Pour y parvenir, chaque vigneron, quelques jours avant les vendanges, doit parcourir les vignes qu'il cultive et marquer tous les ceps dont les raisins sont de bonne qualité, d'une belle forme et promettent d'arriver à une parfaite maturité, ce qu'il fera en attachant un brin de chanvre ou de paille au pied de chacun d'eux.

On peut commencer à faire les provins immédiatement après le premier labour; il convient qu'ils soient faits à la fin de Mars. Ils ne seront composés que de deux ou trois ceps ayant chacun deux ou trois saillies.

Il sera fait vingt provins par ouvrée ou cent soixante par journal. Les vignerons qui, sans y être autorisés, excèderont ce nombre, ne seront payés que sur le pied de vingt. Comme cependant il peut y avoir des vignes auxquelles il soit necessaire d'en faire une plus grande quantité, lorsque cela arrivera, le vigneron en préviendra le régisseur, qui, après vérification, leur indiquera la quantité qu'il devra en faire.

Tout travail relatif aux provins sera fait en saison convenable, jamais par le grand froid, non plus que pendant la pluie, mais un jour ou deux après, suivant qu'elle aura été plus ou moins considérable ; la terre, en général, ne devant être remuée, qu'autant qu'elle peut facilement s'ameublir.

Greffage. On doit greffer dans le courant du mois de mars. Trois motifs se réunissent pour introduire l'usage de la greffe dans le

Clos : le premier, pour remplacer le raisin blanc par du rouge là où ce dernier domine d'une manière prépondérante ; le second, pour substituer le blanc au rouge dans le cas contraire ; et le troisième, pour faire disparaître, tant en blanc qu'en rouge, les ceps de mauvais plant qui peuvent être disséminés dans le Clos.

Taille de la Vigne. La taille de la vigne, qui a ordinairement lieu dans le courant du mois de février, est une opération intéressante et à laquelle on ne saurait donner trop d'attention.

Planter et lier. Immédiatement après le second labour, c'est-à-dire au commencement d'Avril, on doit planter les échalas et y lier les ceps.

Ebourgeonnement et évasivage. Cette opération consiste uniquement à ôter les bourgeons qui ont poussé sur le vieux bois ; elle doit précéder de deux ou trois jours le travail du troisième labour.

Accolage. Après le troisième labour, on liera les nouveaux jets ou saillies aux échalas, sans en rien ôter.

Relèvement. Lorsque les raisins commenceront à *varier* ou changer de couleur, on relèvera les échalas tombés, et après en avoir réuni deux ou trois ensemble en forme de faisceau, on prendra l'extrémité des saillies des ceps correspondants, qu'on relèvera et reliera à l'extrémité des échalas avec du menu chanvre ou de la paille, sans les tordre.

Sarclage. Les vignes seront sarclées à la main toutes les fois qu'elles en auront besoin et particulièrement avant chaque labour.

Vendanges. Les vignerons donneront leurs soins à ce que les raisins des plantes, les verts et les pourris, s'il y en a, soient laissés aux ceps, *attendu qu'ils ne doivent point concourir à la composition des vins du Clos;* et enfin le dernier jour sera employé à vendanger les verts, les pourris et les plantes, c'est-à-dire les jeunes ceps, ainsi que les raisins qui auraient pu échapper à la recherche des jours précédents.

Encouragement. Les vignerons auront cinq francs par pièce de vin remplie au 30 novembre, c'est-à-dire que si, à cette époque, la quantité du vin est de cent pièces, il leur sera donné 500 francs. Chaque vigneron aura droit à cette somme proportionnellement à la quantité de journaux de vigne qu'il aura cultivés.

Mauvais temps. Le temps, lorsque les vignerons sont au travail, pouvant changer d'un moment à l'autre, et de beau qu'il était, devenir pluvieux, froid et contraire aux travaux de la vigne, le chef, lorsque cela arrivera, est chargé d'en prévenir les vignerons au son de la cloche, lesquels, lorsqu'ils l'entendront sonner, devront discontinuer leurs travaux et se retirer.

Toutes les fois qu'ils trouveront les portes du Clos fermées, ce sera pour eux un indice qu'ils ne doivent pas y entrer. Le commis, en conséquence, doit, tous les jours où il fait bon travailler, aller ouvrir les portes du Clos à la pointe du jour, et les fermer, le soir, à la tombée de la nuit.

Nous connaissons maintenant la manière dont on cultivait jadis le Clos et celle que l'on emploie aujourd'hui. Il n'est pas inutile de remarquer que le seul mot *le Clos*, employé dans toute la côte bourguignonne suffit pour désigner le fameux vignoble. On dit : le Clos, comme on disait autrefois : le Roi, et personne ne s'y trompe.

Il est nécessaire de revenir sur nos pas pour étudier quelques évènements importants qui s'y sont passés.

On se souvient qu'à l'époque (1108) où les Cisterciens commencèrent à défricher le versant de la montagne de *Voogct*, les religieux de Saint-Germain-des-Prés possédaient Gilly et les terres qui avoisinaient ce village. Les religieux de Cîteaux, devenus propriétaires à Vougeot d'un domaine important non seulement pour ses riches vignobles, mais encore à cause de ses carrières qui allaient être d'un grand secours pour les constructions du couvent, entreprirent, afin d'éviter de grands détours pour le charroi des matériaux, d'acheter les terres nécessaires à l'établissement d'un chemin qui, partant de leur Clos de Vougeot, tendait à leur domaine de Bretigny, en passant sur les territoires de Flagey et de Gilly, où il traverse la Vouge sur un très beau pont. Ce pont, appelé plus tard Pont-Chevalier, existe encore. Il sépare les finages de Gilly et de Flagey. Il fut reconstruit en 1679 et en dernier lieu en 1769 et coûta cette dernière fois 1556 livres (1).

Les religieux de Saint-Germain ne virent pas sans regret l'établissement de ce chemin traversant leur domaine, et firent aux Cisterciens mille vexations qui amenèrent ces derniers à saisir la

(1) *Histoire de Gilly* par Mr Garnier, memb. de la com. des Ant. de la Côte-d'Or 1840.

première occasion favorable d'acheter la terre de Gilly, qui seule séparait l'Abbaye de Cîteaux de ses propriétés de la montagne.

Cette occasion se rencontra sur la fin du treizième siècle.

L'abbaye de Saint-Germain avait grand besoin d'argent. Elle en indiqua au pape Boniface VIII les motifs : Subsides exigés par le Roi de France, fréquents voyages de son abbé à Rome, poursuite de créanciers avides, etc. Rien ne manque au lamentable tableau qu'elle fait au pontife de sa situation. Bref, elle sollicite du pape l'autorisation de vendre à l'abbaye de Cîteaux le prieuré de Gilly qui, à cause de son éloignement de Paris, lui est plutôt à charge qu'à profit.

Le pape y consent, fixe le prix à 10,000 livres avec une rente perpétuelle de 400 livres petits tournois.

Toutes les clauses de la bulle de Boniface VIII, du 4 des Calendes d'octobre (28 septembre) 1300, ne furent pas toujours scrupuleusement observées. De nombreux débats, étrangers d'ailleurs à l'objet de cette étude, eurent lieu pendant deux siècles et ne furent terminés qu'en 1499 par Jean de Cirey, l'un des plus distingués des abbés de Cîteaux (1). Cette querelle à propos d'une rente de 400 livres et environ 3,000 livres qui restaient à payer sur le capital, coûta, en frais de procédure, plus de 200,000 livres à l'abbaye de Cîteaux.

Ce que nous venons d'exposer était nécessaire pour l'intelligence du récit des évènements qui se passèrent au Clos de Vougeot en 1485.

Nous les trouvons admirablement résumés dans un travail aussi intéressant que savant, que nous demandons aux lecteurs la permission de reproduire (2).

« L'abbaye de Cîteaux ayant négligé de payer intégralement aux religieux de Saint-Germain-des-Prés le terme, échu à l'Assomption 1485, de la rente de 400 livres qu'ils leur devaient, ces derniers obtinrent du parlement de Paris un mandement de contrainte qui fut confié à un sergent du châtelet, nommé Pierre Jorrand et à Henry de Crusy, religieux profès de Saint-Germain.

« Empressés de s'acquitter de leur mission, mais évitant avec soin

(1) Voyez les détails de cette affaire dans *l'histoire de Gilly*, citée plus haut.

(2) Travail de Mrs d'Arbaumont et Paul Foisset mem. de la com. des Ant. (Côte-d'Or) 1862.

de s'attaquer directement à l'Abbaye, Crusy et Jorrand vinrent s'abattre sur Vougeot. Ils n'étaient pas seuls ; le curé d'un village voisin les accompagnait, et plusieurs habitants de Nuits, de Vosne et de Morey grossissaient la troupe.

« Arrivés devant le cellier, ils en trouvèrent la porte fermée, et tandis qu'ils l'ébranlaient de leurs coups redoublés : *Qui êtes-vous là?* criaient des voix de l'intérieur. Il y avait en effet dans la cour du cellier toute une petite armée prête à la défense : deux notaires, le procureur de l'Abbaye, des marchands acquisiteurs des vins du Clos. Un colloque s'engage entre assiégeants et assiégés, jusqu'à ce qu'enfin le sergent, réclamant en vain l'entrée du cellier au nom de la justice, se laisse entraîner à briser la serrure et à rompre la porte. Le flot pénètre, il envahit la cour et le cellier, et tandis que le sergent verbalise, les notaires protestent contre la violence dont ils sont victimes. Ils représentent que ce lieu est un lieu de franchise; ils déclarent que tous ceux qui ont pris part *à la fraction de l'immunité de cet hostel auquel a église et chapelle bien dévote*, ont encouru la sentence et *excommuniement*, après quoi ils dressent procès-verbal de tout ce qui s'est passé.

« Cette scène de violence et de scandale avait lieu le 6 Décembre 1485. Mais, comme si les religieux de Cîteaux en eussent pu prévoir l'évènement, dès le 6 Août précédent ils avaient obtenu du roi Charles VIII des lettres de sauvegarde qui leur assuraient les effets de cette protection spéciale que leur avaient toujours accordée les ducs de Bourgogne.

« Ces lettres, si à propos renouvelées, permirent aux religieux d'égaler l'éclat de la réparation à la grandeur du scandale.

« Le 13 Décembre donc, il y avait grand concours de monde devant les bâtiments et sous le portail du cellier. Là se trouvaient le gouverneur et le capitaine du château de Gilly, plusieurs dignitaires de l'Abbaye, de simples religieux, des vieillards, et avec eux plusieurs jeunes enfants des villages et pays d'alentour allant à l'école. Le procureur de Cîteaux proclama à haute voix, sans contradiction de la part de Jorrand et de Crusy, les privilèges de l'Abbaye, et le sergent royal qui présidait à cette solennelle réparation, procéda au rétablissement de la franchise par la tradition d'une verge blanche baillée au procureur de l'Abbaye, et furent ensuite mis les *pannonceaux du Roy contre la porte dudit hostel et cellier de Vougeot*, c'était le signe et comme le cachet de la royale sauvegarde.

« De toute cette cérémonie il fut dressé un procès-verbal; puis, après dîner, en présence des mêmes témoins, sauf ceux de Saint-Germain, *qui s'étaient départis*, le procureur de Cîteaux témoigna son plaisir d'avoir vu les vieux et les jeunes présents à cette réparation, qui mettait mieux en évidence la franchise de l'Abbaye. L'assemblée enfin se sépara, après la lecture des Bulles et Chartes du Pape et du Concile *par aulcuns des anciens sachant lire.*

« Le sergent du chatelet cependant ne se tient pas pour battu. Il obtient de la cour et chancellerie de Dijon des *lettres royaux* qui l'autorisent à poursuivre la saisie interrompue; il assigne sa partie à comparaître à Vougeot; mais, au jour précis, il fait défaut, et depuis l'on n'entend plus parler de lui. Quant aux imprudents villageois que le sergent avait compromis dans cette malheureuse affaire, ils furent admis, sur leur demande, et pour détruire l'effet de l'excommunication qu'ils avaient encourue, à venir humblement crier merci à l'abbaye (1). »

Les pannonceaux officiellement apposés aux portes du cellier antique disparurent soixante-six ans plus tard, quand Dom Loysier, abbé de Cîteaux, fit transformer le vieux manoir en y ajoutant une riche maison de plaisance. Un religieux de Cîteaux, dont la ferveur fut attristée par le luxe de son abbé, nous a laissé les doléances de son âme scandalisée.

« On est privé, dit-il, de cette consolation (2), depuis qu'il a pleu à Dom Loysier, abbé de Cîteaux, de changer toutte la disposition de cet ancien cellier, pour lui substituer, en l'année 1551, une maison de plaisance ou château, trouvant sans doute celuy qu'il avait à Gilly trop modeste alors pour luy; et quoy qu'il deu cependant, par toutte sorte de raison, faire luy-même profession de modestie, il voulut laisser à la postérité un monument authentique de son faste et de l'inutile employ qu'il avait fait du patrimoine du Crucifix, acquis néanmoins et augmenté par les sueurs des Saints et lequel on ne peut par conséquent régir avec trop de fidélité et de précaution, ainsi que Dom Jean de Cyrey, l'un de ses plus illustres prédé-

(1) *Archives de Cîteaux* aux Arch. de la Côte-d'Or carton 101. — *Cartulaires de Cîteaux* par l'Abbé Jean de Cirey. II. — Cote 186 des Cartul. Arch. de la Côte-d'or. fol. 377.

(2) De voir les pannonceaux royaux.

cesseurs le dit doqueument dans la préface au premier tome du Cartulaire qu'il a fait faire : *Patrimonium Crucifixi, Sanctorum Patrum sudoribus et merit's, fideliter ac prudenter ministrare.* En sorte qu'en place de ces augustes marques de la protection accordée par le Roy au cellier de Vougeot, on y voit aujourd'hui les armes dudit Dom Loysier, avec autant de magnificence et de distinction que si les sommes immenses qui ont été employées à la construction du château eussent été prises sur les propres biens et deniers de cet abbé (1). »

La Révolution de 1789 s'est chargée d'être le justicier que semblait appeler le censeur Cistercien. Sur l'entablement de la porte principale, orné de rosaces ou de victimes, on remarque, aux extrémités, des génies qui tiennent encore les attaches d'une guirlande brisée dont la torsade venait enlacer, au milieu de la porte, le cartouche détruit et écartelé jadis, selon l'usage, des armes de l'Abbaye et de celles de l'Abbé.

Au-dessous de cet écusson disparu, portant les armes de Dom Loysier et celles de l'Abbaye qui sont : *d'azur semé de fleurs de lys d'or et, sur le tout, un écusson bandé d'or et d'azur de six pièces et bordé de gueules* », se lit deux fois répétée, en chiffres arabes, la date de 1551 (2).

Les Cisterciens, nous l'avons vu, ne se libérèrent complètement envers l'abbaye de Saint-Germain-des-Prés qu'en 1499. Jean de Cirey dut, pour y parvenir, avoir recours au chapitre général de l'Ordre qui, vaincu par ses instances, lui fournit les moyens d'exécuter son projet; encore fallut-il ajouter aux fonds dont on lui permettait de disposer, le produit des joyaux, vaisselles et ornements de l'Abbaye. Bien des causes empêchaient à Jean de Cirey de pouvoir disposer d'une grosse somme d'argent à cette époque. Aux frais énormes de la longue procédure que Cîteaux venait de soutenir, aux ruineuses dépenses des guerres pour lesquelles l'Abbaye devait fournir des subsides, venait s'ajouter un terrible fléau qui en ravageant le Clos privait les moines de l'une de leurs plus grandes ressources.

Au milieu du quinzième siècle, des myriades d'insectes ravagèrent les coteaux bourguignons. Le mal fut si grand dans la pro-

(1) *Arch. de la Côte-d'or. Notice sur Vougeot* fol. 177 d'un invent. de titres de Citeaux n° 211 des inventaires.

(2) La Vignette placée en tête de la présente brochure, reproduit ces armoiries.

vince, dit Courtépée, qu'il « fut décidé en 1460, avec les gens d'église à Dijon, que pour remédier aux urebers et vermines qui gâtaient les vignes, on ferait une procession générale le 25 mars, que chacun se confesserait, et que défense serait faite, sur rigoureuses peines, de jurer. (1) »

Cette véritable plaie égyptienne des *Urebères*, *Escrivains* et autres *vermynes*, qui fit son apparition avant l'année 1460, ne finit, selon les uns, qu'en 1500 et selon d'autres beaucoup plus tard (2).

Peut-être aussi qu'ayant commencé plus tôt dans certaines régions, le fléau cessa dans quelques contrées et apparut dans d'autres. Quoiqu'il en soit, il paraît certain qu'il dura une centaine d'années ; car il sévissait encore en 1553, comme l'atteste un mandement de l'évêché de Langres que nous citerons tout à l'heure. Les habitants des pays vignobles de la côte bourguignonne furent réduits à la plus profonde misère. Les décimateurs compatirent aux maux du peuple ; dans certains villages, au lieu de prendre le seizième des fruits crus et perçus, ou les huit deniers qui leur étaient dus par ouvrées, ils n'exigèrent momentanément qu'un blanc ou quatre niquets. En 1486, voyant la persistance de la stérilité, les décimateurs de Volnay rendirent la réduction perpétuelle et irrévocable. Or, si l'on s'en souvient, cette année était précisément celle qui suivit le refus ou le retard apporté par l'Abbaye de Citeaux de s'acquitter envers celle de Saint-Germain-des-Prés.

Tout porte à croire que nous sommes ici en présence d'une première invasion du phylloxéra. Les traditions locales de plusieurs villages de la Côte rapportent que nos pères, sans doute en souvenir de la trop fameuse peste noire de 1349, donnèrent le nom de *maladie noire* au fléau qui sévissait sur la vigne. Tout le vignoble fut détruit ; il ne resta dans la contrée beaunoise qu'un petit bouquet de vigne sur la montagne de Pommard, qui fut appelé pour cette raison le *petit vignot*, nom qu'il porte encore aujourd'hui, et quand on voulut repeupler la Côte, on fut obligé de faire venir des plants de Crimée.

Le Clos de Vougeot ne fut pas épargné. Dom Menrique rapporte dans les annales de Cîteaux (3) qu'il a vu sur un manuscrit de la

(1) *Courtépée*, t I.p. 102. — *Histoire de Volnay* Dijon. Damongeot 1887, page 100.

(2) *Histoire de Beaune* par M. Rossignol p. 358. *Histoire de Volnay* p. 105.

(3) Deux vol. in-folio. Biblioth. de la ville de Dijon.

bibliothèque de l'Abbaye que le fléau consistait en un nombre infini de petits insectes qui s'attachaient aux racines qu'ils détruisaient en les faisant pourrir. Ils étaient comme des grappes de poux attachés aux racines et vivant souterrainement; les feuilles commençaient par jaunir et se flétrir, le bois séchait sur pied et le cep dépérissait promptement. Les moines en furent réduits à laisser les vignes en friche pendant quelque temps, puis ils reconstruisirent les vignobles par des *semis*. Peu de vignes furent épargnées et il fallut plus d'un siècle pour reconstituer tous les vignobles de la côte et de la Bourgogne.

L'Église multipliait ses prières et ses supplications et même ses menaces. En 1553, Philippe de Berbis, vicaire général de Langres, adresse aux curés de ce diocèse les paroles suivantes dans un mandement : « De l'autorité du Révérend Père en Dieu, Monseigneur Claude de Longwic, par la miséricorde de Dieu, Cardinal prêtre de la Sainte Église romaine, du nom de Givry, évêque, duc de Langres et pair de France; moi, son vicaire général au spirituel et au temporel, par l'autorité de la sainte et indivisible Trinité, confiant en la miséricorde divine et plein de pitié, je somme, en vertu de la sainte Croix, armé du bouclier de la foi, j'ordonne et je conjure une première, une seconde et une troisième fois, toutes les mouches vulgairement appelées écrivains, urebères, ou uribères, et toutes les autres bestioles nuisant aux fruits des vignes, qu'ils aient à cesser immédiatement de ravager, de ronger, de détruire et d'anéantir les branches, les bourgeons et les fruits, de ne plus avoir ce pouvoir dans l'avenir, de se retirer dans les endroits les plus reculés des forêts, de sorte qu'ils ne puissent plus nuire aux vignes des fidèles et de sortir du territoire. Et si, par les conseils de Satan, ils n'obéissent pas à ces avertissements et continuent leurs ravages, au nom du Seigneur Dieu, et en vertu des pouvoirs ci-dessus indiqués, et de par l'Église, je maudis et lance la sentence de malédiction et d'anathème sur ces mouches, écrivains, urebères ou uribères, et leur postérité. (1) »

Le terrible fléau qui venait de s'abattre, pendant tant d'années, sur le Clos de Vougeot, cessait à peine et les moines de Cîteaux commençaient seulement à se remettre des pertes considérables qu'il leur avait causées, quand Dom Loysier entreprit la construction du véritable château qui commande le riche vignoble.

(1) *La Côte-D'or à vol d'oiseau* par A. Luchet Paris. Michel Lévy, 1858.

Nous en devons donner ici une sommaire description.

La façade qui se présente tout d'abord aux regards du visiteur est exposée aux feux du soleil levant. Elle offre l'aspect d'une imposante muraille au sommet de laquelle sont alignées de larges fenêtres. L'entrée de l'édifice est au nord. La grande porte dont les ornements rappellent les premières années de la Renaissance est une œuvre majeure.

A droite et à gauche s'élèvent deux tours, dont l'une renfermait la chapelle. Après avoir traversé le passage voûté auquel donne accès la porte principale, on entre dans une vaste cour tout ensoleillée par les chauds rayons venant du midi. A l'intérieur de cette cour trois portes attirent les regards. La première orne le passage qui conduit à la cour, la seconde décore l'arcade qui mène au puits, et la troisième, la plus riche, est l'entrée d'honneur qui conduit au grand escalier.

En pénétrant dans l'intérieur de cette riche demeure, on est frappé de l'heureux aménagement de toutes les pièces et du rare bon sens qui a procédé à leur distribution pour la commodité de ses habitants. La cuisine, qui occupe un grand espace au rez-de-chaussée, n'a qu'une seule cheminée, mais elle mesure cinq mètres de largeur. Cette pièce est voûtée et soutenue, au milieu, par une colonne dorique, du sommet de laquelle s'élance une gracieuse gerbe de nervures, dont les extrémités reposent sur des consoles aux quatre coins des murailles. A droite de la cuisine règnent les offices; à gauche s'ouvrent le four et le passage qui mène au puits et du puits au grand escalier.

Montons les degrés de cet escalier monumental, en ayant soin de remarquer les sculptures fouillées avec art, dans la pierre blanche, aux parties rampantes des plafonds et celles des paliers.

Arrivés au premier étage, nous entrons dans de vastes pièces aujourd'hui dénudées. C'est à gauche que l'on place les appartements de l'Abbé; on donne à la grande salle à droite, qui mesure treize mètres sur huit, le nom de salle d'honneur : dans la tour qui est à côté, on reconnaît les voûtes élégantes de la chapelle, et enfin on attribue aux hôtes qui venaient assister aux fêtes données par l'abbé de Cîteaux, les deux grandes pièces qui regardent le nord. Toutes ces salles n'ont pas moins de 17 pieds de hauteur. Leurs plus riches ornements, ce sont les cheminées. L'art français de la Renaissance sut merveilleusement décorer les cheminées qui étaient de véritables façades. Toutes celles du manoir de Vougeot en sont des modèles achevés. La cheminée de la grande salle, celle de l'appartement voisin comme celle de la chambre de l'Abbé, ont des dimensions colossales et offrent pour foyer une superficie de deux mètres carrés. Les riches cartouches sculptés qui les ornent sont malheureusement privés des armoiries qu'ils portaient et que la main des hommes a effacées il y a un peu moins d'un siècle. Seul un écu, où l'on voit l'aigle des Loysier, se remarque encore sur deux chenets qui ont échappé à la destruction.

Nous avons visité les appartements du seigneur Abbé ; redescendons maintenant dans la cour pour examiner les dépendances. Ce qui nous frappe tout d'abord dans cette grande enceinte qui a trente-deux mètres de long, c'est l'ouverture du vieux cellier roman : elle apparaît au fond de la cour dans un pignon noirci par les années et exposé au nord. Ce cellier du XIIe siècle, qui mesure vingt-sept mètres de longueur sur seize mètres de largeur, est précédé d'un auvent qui s'élève à la hauteur d'un premier étage. On arrive sous son toit rustique par un escalier qui conduit à un vaste grenier ; il devait servir, dans l'origine, de dortoir aux frères de Cîteaux venant travailler au Clos seulement dans la belle saison, à une époque où le cellier était la seule construction qui existât dans leur domaine de Vougeot. A droite, un appartement du quatorzième siècle semble avoir été ajouté au cellier, deux cents ans après la construction de celui-ci, pour servir de logis au maître cellérier.

Le cellier est au niveau du sol et n'est point voûté. Un double plancher, rembourré de mousse, remplace les voûtes. Les murailles latérales étaient préservées des ardeurs du soleil par des abris dont la pente, continuant celle du grand toit, descendait presque jusqu'au sol. Seul l'abri du couchant subsiste encore aujourd'hui. Le caractère architectonique de ces constructions s'accorde parfaitement avec les dates des documents écrits qui en font mention : 1116-1160.

Ce ne fut qu'au commencement du treizième siècle que les celliers des châteaux, des abbayes et des maisons fortes, furent surmontés de voûtes soutenues par deux rangées de colonnes qui les ont fait prendre souvent pour des chapelles souterraines, des cryptes et même des églises. A deux pas de Vougeot, on voit un beau modèle de ce genre de construction dans le cellier du château de Gilly : c'est là que les moines enfermaient leurs vins pour les mettre, mieux qu'au manoir de Vougeot, en sûreté contre les incursions et les pillages des gens de guerre.

A gauche du cellier du Clos de Vougeot, nous remarquons une modeste bâtisse du quinzième siècle, dont la destination ne nous est pas bien connue; à droite, du côté du couchant, un vaste carré de bâtiments, au centre duquel se trouve une petite cour, renferme la cuverie et les pressoirs qui s'élèvent aux quatre angles et entre lesquels sont rangées de nombreuses cuves.

Un savant rapporteur, du Congrès des Vignerons, en 1844, a décrit comme il suit la cuverie et les pressoirs de Vougeot :

« Entrez, vous êtes bien chez des vignerons. Voici le pressoir monacal, ou plutôt les quatre antiques pressoirs, énormes et grossières machines qui fonctionnent si bien encore aujourd'hui. Six pièces de bois, liées ensemble, composent l'arbre de chacune de ces curieuses reliques.

« La cuverie forme un beau quadrilatère à cour centrale, dont les galeries ont trente mètres de long sur dix de large, éclairées chacune par trois fenêtres élevées, donnant un demi-jour favorable. Trente-quatre cuves de tailles différentes y sont rangées en bataille. Elles peuvent cuver à la fois *quatre cent cinquante pièces*; l'épaisseur de leurs parois n'est que de trois centimètres, d'où l'on conclut leur ancienneté. *Un couvercle descendant, à fond percé d'un seul trou, les recouvre toutes.* La petite contenance des cuves est unanimement approuvée ; elle suffit à la cueillette de chaque jour, et ainsi la fermentation simultanée ne reçoit aucun trouble par l'apport successif de vendange nouvelle. Avant d'encuver, l'usage est de donner à la récolte un tour de pressoir (1). Les foudres, de bonne construction et bien entretenus, ont été fabriqués avec du chêne d'Allemagne, en bois de fente, et par des ouvriers rhénans. On a vendu jusqu'à *trois cents francs* quelques foudres de réforme ; neufs, en bois de sciage, ils coûteraient 200 francs dans le pays et 500 francs en bois de fente. »

Voici l'appréciation du même auteur sur les celliers.

« Deux celliers, l'un de cinq mètres de hauteur, l'autre de

(1) Cette opération est remplacée dans la Côte par l'usage d'un cylindre placé au-dessus de la cuve pour broyer le raisin.

trois, peuvent recevoir *seize cents pièces*. Ils ne sont point voûtés, mais le plafond est chargé de soixante-six centimètres de terre recouverte d'un carrelage. La lumière y est facilement réglée à l'aide de volets, et l'air atmosphérique introduit par de petites fenêtres à lancettes. De la porte, les thermomètres peuvent marquer cinq degrés centigrades en hiver et douze degrés en été. Il est reconnu que cet usage de varier et de régler la lumière et la température est excellent. C'est pour le vin une sorte d'éducation fort utile, et l'on remarque dans plusieurs vignobles distingués, où la température des celliers est trop uniformément maintenue à dix ou douze degrés, que le liquide souffre dès qu'il sort pour être livré au commerce ou voyager (1). »

Il en est tout autrement des vins du Clos. Le 15 mars 1856 à Dijon, lors d'une Exposition, on a dégusté des vins du Clos de Vougeot qui avaient fait le tour de l'Egypte sans subir aucune altération. Transportés en charrette, en bateau, par la neige, la glace, la pluie et le soleil ardent, ces vins ont été comparés avec leurs jumeaux restés en cave; ils étaient simplement devenus un peu plus vieux. La durée des vins du Clos de Vougeot est vraiment merveilleuse. A cette Exposition vinicole de 1856, parmi les vins d'une rareté exceptionnelle, tels que des Bourgognes de 1797, 1802 et 1806, on a dégusté des vins du Clos de 1819, l'une des meilleures années de ce siècle; ces vins avaient conservé leur parfum et leur bouquet. Seule leur couleur avait pris une nouvelle teinte appelée *peau d'oignon*. J'ai pu renouveler moi-même cette expérience en 1881 à Dijon sur ces vins du Clos de 1819, qui avaient à cette époque soixante-deux ans et qui étaient encore dignes de leur noble origine. Deux épaves de ces mêmes vins provenant des caves de défunt Mr de la Horie, propriétaire à Dijon, et qui m'ont été gracieusement offertes, me permettront, j'espère, de renouveler encore la même expérience, sur ces vétérans du Clos âgés aujourd'hui de soixante-huit ans et qui paraissent en bonne santé.

Tous les bâtiments que nous avons décrits étaient, il y a un siècle, environnés d'un grand verger clos de murs flanqués de trois petites tours. Une vaste allée conduisait à l'entrée principale du manoir et le Clos lui-même était sillonné de chemins assez larges

(1) M. Leclère; *le Clos Vougeot* par Aug. Luchet, Paris, imp. Bénard, rue Damiette, 1859.

pour laisser circuler le carrosse de Monseigneur l'Abbé de Citeaux. Avenue, chemin, verger et enceinte, tout a disparu de ce sol dont on est justement avare, pour céder la place à de nombreux plants qui augmentent la production du vignoble.

Tels sont les bâtiments du Clos de Vougeot. « C'est l'idéal du vendangeoir bourguignon. Jamais vignoble n'atteignit parmi nous, à beaucoup près, les proportions colossales du Clos de Vougeot; jamais cellier n'égala, certes, la puissance qui se reflète dans le manoir de l'abbé Loisier (1). »

On comprend que, naguère encore, les commandants des armées qui passaient devant le Clos, lui faisaient présenter les armes par leurs soldats : c'était un hommage rendu à la Bourgogne dans l'une de ses plus grandes richesses; c'était aussi, quoique peu sciemment, un hommage rendu aux laborieux cénobites dont les travaux persévérants ont créé cette merveille.

Il nous reste maintenant quelques détails à donner pour compléter cette étude.

Le sol du Clos de Vougeot est un terrain calcaire oolithique. C'est ce même terrain que l'on rencontre à peu près partout dans les grands vignobles de Bourgogne, la Côte d'Or étant de terrain jurassique et montrant partout l'oolithe en couches parmi les *strata* du calcaire qui la compose (2).

Le terrain oolithique est formé de petites coquilles pétrifiées et réduites en poussière.

Il y a des milliers d'années, la mer couvrait de ses flots le côteau du riche vignoble qui la domine aujourd'hui de 265 mètres. La silice et les carbonates se trouvent en abondance dans les terres végétales du Clos et dans celles des vignobles qui l'avoisinent.

Le Clos de Vougeot est planté en pinot noir, avec un vingtième environ en pinot blanc appelé *chardenet;* cinq ou six cents pieds de pinot gris ou *burot* y sont en outre parsemés (3). Les pinots forment, dans tous les pays où ils sont cultivés, la base ou le fond des vignobles ayant le plus de réputation ; ils sont en particulier l'honneur de la la Bourgogne, de la Champagne, de la Franconie et de la Hongrie. Ce plant d'élection est tout spécialement propre à nos climats tempérés de France entre les degrés 45me et

(1) *Mém. de la Comm. des Antiq.* C. d'Or. 1862. p. 62.

(2) *Le Clos de Vougeot opere citato*, page 23.

(3) *La Côte-d'Or à vol d'oiseau* par Auguste Luchet in-18. Paris, Lévy 1858. p. 99.

le 50me de latitude. Il donne là tout ce dont il est doué. Ce serait une grave erreur de croire que partout le pinot donne le même vin. Ce plant, que l'on nomme encore *noirien*, aime les lieux exposés au levant et au midi, les surfaces inclinées et les terres légères où abonde le carbonate de chaux. Aussi se plaît-il admirablement dans notre côte bourguignonne, où ses fruits atteignent leur parfaite saveur. Transplanté dans des terres d'une autre nature, il perd sa noblesse native, ses formes changent et ses produits dégénèrent.

Un grand nombre d'étrangers ont voulu avoir des plants de pinot venant de la Bourgogne, pour les placer dans des terrains favorablement exposés, croyant obtenir des produits qui équivaudraient à ceux que l'on recueille sur nos riches coteaux ; ils ont été trompés dans leurs espérances. On pourrait leur adresser à tous la réponse que Mr Brunet, de Beaune, fit au prince de Condé, qui lui reprochait que le pinot de Bourgogne apporté à Chantilly n'avait point prospéré : « Monseigneur, il fallait aussi y apporter la terre et le soleil (1). »

On reconnaît les pinots vrais aux marques suivantes : sarments grêles et allongés, d'une grosseur égale du commencement à la fin ; en hiver, écorce brune ou gris brun ; feuilles assez grandes et un peu rugueuses dessus, mais non cotonneuses en dessous ; lobées parfois, mais à découpures peu profondes ; grappe petite, à grains ronds et petits. Vin de couleur vive et foncée, tel est le pinot noir. Le pinot gris, ou *burot*, de la même famille, est tout à fait semblable au fameux plant de l'Hégyallia qui fait le vin de Tokaï. Le pinot blanc, *noirien blanc*, *Chardenay*, ou *Chaudenai*, donne les vins renommés de Montrachet et de Meursault ; il a la grappe petite, allongée, les grains presque ronds, peu serrés, marqués de points bruns, bien dorés.

En 1820, le Clos était planté de trois cinquièmes en vignes rouges et de deux cinquièmes en vignes blanches. Pendant longtemps, et jusqu'aux dernières années du XVIIIe siècle, on faisait au Clos des vins blancs célèbres qui se vendaient le même prix que les rouges. Depuis 1820 surtout, la culture des vignes blanches a été supprimée graduellement et elle ne compte plus guère que pour un vingtième.

(1) Hist. de Volnay par l'abbé E. B. Dijon, Damongeot. 1881 p. 325.

Le vin y a peut-être perdu un peu de finesse, mais il est plus corsé, plus fort, plus généreux. Le vin du Clos de Vougeot a été appelé le *souverain de la Côte;* on a dit encore de lui : *Il est le Roi des Vins et le vin des Rois.* Il fut aussi le vin des papes; on rapporte qu'en 1371 Jean de Bussières, abbé de Cîteaux, envoya trente pièces de vin du Clos au pape français, Grégoire XI, qui le remercia quatre ans plus tard en lui envoyant le chapeau de Cardinal.

L'ennemi du fin pinot, c'est le gamay. (1) Ce dernier qui convient a la plaine donne le vin ordinaire, mais il doit être banni des vignes fines dont il altère la pureté et la délicatesse des produits. Cette proscription remonte haut, on en trouve la preuve dans une ordonnance de Philippe le Hardi, duc de Bourgogne, datée de Dijon en 1395. On aimera sans doute à la lire ici.

« Reçue avons la complainte de plusieurs bourgeois et habitants de nos bonnes villes de Beaune, Dijon, Châlons et du pays d'environ, contenant en effet que comme d'ancienneté aux vignobles desdits lieux et pays d'environ accoutumé croître et venir, *les meilleurs et plus précieux et convenables* vins du royaume de France pour le nourrissement et sustentation de créature humaine ; et que pour la bonté d'iceux notre Saint Père le Pape, Mos. le Roy et plusieurs autres Seigneurs, tant gens d'église, comme nobles et autres, aient en accoutume par excellence de faire faire leurs provisions des vins crus aux dits lieux et vignobles ; et que ceux qui ont accoutumé user desdits vins aient été pour ce refortifiés et en aient fait moult grand prix et *plus grand honneur*. Et que pour ce les maîtres des garnisons desdits Seigneurs et autres, marchands de divers pays et de diverses régions aient au temps passé fréquenté notre dit pays de Bourgogne et aient apporté, les aucuns grand nombre de pécune, les autres grand quantité de denrées qui ont demeuré en notre pays pour l'usage de notre peuple, dont icelui notre pays entre les autres a été audit temps passé moult conforté et soutenu, aidé en leurs nécessités et plusieurs autres grands prouffits : néanmoins depuis peu de temps en ça plusieurs de nos sujets desdits lieux et pays et autres convoiteux d'avoir grand quantité de vins, cauteleusement entre les bonnes vignes desdits lieux où l'on fait croître le bon vin, et entre lieux d'environ,

(1) Ce plant est ainsi appelé à cause du petit village de Gamay, d'où il tire son origine.

comme en courtils, prés et terres arables, ont planté vignes d'un très mauvais et très déloyaud plant, nommé *gaamez*, duquel mauvais plant vient très grande abondance de vin, et pour la plus grande quantité desdits mauvais vins ont laissé en ruine et désert les bonnes places où l'on fait venir et croître ledit bon vin. Et lequel vin de *gaamez* est de telle nature qu'il est moult nuisible à créature humaine, mêmement que plusieurs qui au temps passé en ont usé, en ont été infectés de grièves maladies, si comme entendu avons ; car ledit vin qui est issu et fait dudit plant, de sa dite nature est plein de très-grand et horrible amertume, et devient tout puant.

« Et aussi sont aucuns de notre dit pays qui, pour convoitise d'avoir du vin, ont mis et accoutumé faire mettre et porter en leurs vignes de bon plant, fients de vaches, brebis, chevaux et d'autres bêtes, cornes de bêtes, râclures de lanternes et autres fients et ordures, pour laquelle cause les vins procréés et provenus ès dites vignes, dedans peu de temps ont été et sont devenus jaunes, gras, et en tel état que aucune créature humaine n'en a pu ni encore pourrait convenablement user sans péril de sa personne.

« Pour lesquelles causes lesdits maîtres des garnisons desdits Seigneurs, marchands et autres, ont déloigné et délaissé, déloignent et délaissent notre dit pays, et nos dits sujets sont moult grandement dommagés et appauvris, et encore sont en voie de le plus être, si pourvu n'y est par nous de remède.

« Faisons commandement solennellement à tous à qui sont lesdits plants de vigne dudit *gaamez* que iceux coupent et fassent couper en quelque part qu'ils soient en notre dit pays, dedans un mois, à peine, de soixante sous tournois pour chacune ouvrée desdites vignes ou plant dudit mauvais plant.

« Et défendons à tous que d'ores en avant aucuns ne soient si hardis de mener ou faire mener, charroyer, porter, ou mettre par quelque voie que ce soit en leurs dites vignes ou autres, tels fients ou autres graisses et ordures, à peine de perdre et à nous appliquer les bêtes et charrois qui ainsi charroiront les dits fients et ordures. »

Ces mêmes prescriptions furent encore renouvelées en 1441; enfin, par un jugement rendu à Bruxelles en 1459 pour confirmer les statuts de Beaune, Philippe-le-Bon rappelle « qu'il était défendu de toute ancienneté, de mettre à Beaune en dépôt, des vins *autres que ceux du crû des habitants* ; attendu que les vins de *gamais*, étant nouveaux, pourraient tromper les étrangers par leur douceur : comme les ducs de Bourgogne ont été réputés, les *Seigneurs des meilleurs vins de la chrétienté,* il veut en maintenir la réputation. (1) »

Cette réputation des vins de Bourgogne, dont nos Ducs étaient si fiers et qu'ils voulaient maintenir à tout prix, n'est plus seulement battue en brèche par le *déloyaud gaamez ;* les vins du Midi de la France qui inondent nos marchés, et les produits que l'on obtient avec les raisins secs de Corinthe et de Thyra, lui font un tort bien autrement irréparable.

Le gamay a été introduit dans notre vignoble bourguignon pour augmenter la quantité au détriment de la qualité. Le pinot ou noirien dans le Clos peut donner en moyenne deux pièces (456 litres) par journal, environ douze à treize hectolitres par hectare. Dans la côte nuitonne, le même plant peut fournir trois pièces au journal ou vingt hectolitres par hectare.

Le gamay est plus généreux; dans les années moyennes, il donne huit pièces au journal, c'est-à- dire vingt-quatre hectolitres par hectare. Nous disons *en moyenne,* car le rendement de la récolte varie beaucoup selon les années; pour en juger, qu'il nous suffise de remarquer qu'en 1835, année d'ailleurs très médiocre pour la qualité, la récolte du Clos atteignit l'apogée de ce siècle : *Sept cents pièces ou 1596 hectolitres.* La récolte la moins abondante du dix-neuvième siècle, jusqu'à ce jour, a été celle de l'année 1816. On n'a recueilli que cinq pièces de vin dans tout le Clos. Des pluies froides n'ont cessé de tomber depuis le mois de Mai jusqu'au mois de Décembre. L'année 1858, très chaude et très favorable, a été une des plus abondantes et des meilleures; le Clos a produit cinq cent quinze pièces. Parmi les bonnes années plus rapprochées de nous, il faut citer 1870, si funeste sous d'autres rapports, et 1875 qui a vu clore la série des années de notre prospérité. A partir de cette époque, nos vignes ont été en butte à toutes sortes de revers et de contre-temps. La quantité et la qualité ne sont plus seulement menacées, c'est la vigne elle-même qui est sur le point de périr, depuis que le miscrocopique insecte, appelé si justement *Phylloxera vastatrix,* s'attache avec acharnement aux radicelles de la précieuse plante pour la détruire. Il semble que de nouveau va se réaliser la terrible prophétie d'Isaïe : « *Luxit*

(1) *La Côte d'or à vol d'oiseau* par A Luchet. Paris, Lévy, 1858 page 41.

vindemia, infirmata est vitis, ingemuerunt omnes qui lætabantur corde » XXIV, 7. La vendange est en deuil; la vigne languit, tous ceux qui avaient la joie dans le cœur sont dans les larmes; ils ne boiront plus de vin dans leurs joyeux festins « *Cum Cantico non bibent vinum* » ibid. 9.

L'aspect de nos coteaux ravagés sera plus triste encore qu'il ne l'était il y a quatre cents ans, après la destruction du vignoble. A cette époque, au moins, le sommet de nos montagnes était peuplé de nombreux châtaigners que l'on a coupés sous prétexte qu'ils ombrageaient trop la vigne et *attiraient les orages.* Les belles charpentes de nos édifices bourguignons, et notamment celle du remarquable Hôtel-Dieu de Beaune, ont été construites avec ces séculaires habitants de nos bois.

Avant de terminer notre travail, nous ne pouvons nous dispenser de dire un mot de l'ancien ban des vendanges, des cuvées qui sont faites au Clos et des différents prix de ses vins. Il est généralement admis dans la Côte que la vendange doit avoir lieu trois mois après que la fleur du raisin est passée : *Fleur passée, vendange à trois mois.* C'est la base que l'on prenait jadis pour avoir le *ban* des vendanges. Ce ban était publié et annoncé en grande pompe. A Dijon, le maire (Vicomte Maïeur), les échevins, le syndic et leur secrétaire, montaient à cheval, et trompettes en tête, escortés des sergents et jurés-vignerons, ils allaient proclamer le ban en cortège, dans la ville et dans le territoire. Les vignerons, gardiens nommés de la *Venoinge* (Vendange), les attendaient, réunis aux vendangeurs, pour présenter leurs devoirs aux magistrats de la cité. Au retour de la publication, la *chevauchée des banchiers* dînait à Dijon, aux frais de la ville, et faisait bonne chère, si nous en croyons les comptes qui nous sont restés de ces festins. Le ban des vendanges s'est introduit, dit le président Bouhier, pour *plusieurs bonnes raisons* : 1° afin que personne ne vendangeât *avant que la maturité du raisin eût été bien reconnue*, 2° afin que les forains (marchands du dehors) fussent avertis et pussent se préparer, 3° afin que les vendangeurs travaillassent ensemble et tout de suite en un même canton, sans quoi ils causeraient du dommage à ceux qui ne vendangeraient pas, 4° pour la commodité des décimateurs. Il était défendu de vendanger avant la publication du ban sous peine d'amende et même d'emprisonnement, confiscation des outils, du fruit, etc.

Le ban des vendanges, quoique dans des conditions bien différentes de celles des siècles écoulés, s'est maintenu, de nos jours, jusqu'après 1832 dans toute la côte bourguignonne, et beaucoup plus tard dans l'arrondissement de Beaune où il existait encore en 1860. Quinze jours avant l'époque présumée pour vendanger trois commissaires par commune étaient nommés pour visiter les vignes : Beaune, Nuits et Dijon étaient les centres où les avis étaient recueillis. Après avoir chaudement débattu les diverses opinions, le jour où l'on pouvait commencer à vendanger, était proclamé à la majorité des voix, et le maire de chaque commune publiait le ban. Aujourd'hui que le ban de vendange est supprimé, chacun coupe son raisin quand il veut et comme il veut.

Le raisin coupé est jeté dans la cuve pour la fermentation. On a prétendu que les moines faisaient autrefois plusieurs cuvées dans le Clos. On a même fixé le nombre des cuvées à trois : celle du dessus du Clos, que l'on ne vendait pas et qui était destinée aux cadeaux que l'Abbé faisait au Duc de Bourgogne, au Roi de France, au Pape, et à d'autres grands personnages; celle du milieu, et enfin celle du bas du Clos qui était de moins excellente qualité. Rien ne prouve, d'une manière certaine, que telle ait été la façon d'agir des Cisterciens.

Il semble même résulter de quelques indices qu'il en était tout autrement. *Adhuc sub judice lis est.* Ainsi un neveu du tonnelier des moines aurait affirmé vers 1820 au propriétaire du Clos, que jamais, du vivant de son oncle ni du sien, il n'y avait eu plus d'une cuvée au Clos, excepté en la terrible année 1789, où le raisin d'en bas n'avait pas mûri du tout.

On ne fait donc au Clos, et peut-être n'y a-t-on jamais fait, qu'une seule cuvée, quelquefois deux. On rapporte qu'une année, M. Ouvrard, propriétaire du Clos de Vougeot, essaya d'en faire trois pour complaire à la prétendue tradition vraie ou fausse. Il convia les gourmets dont plusieurs, chose étrange, ont préféré la cuvée du bas; la plupart a mieux aimé le mélange des trois parties du Clos comme donnant plus parfaitement la saveur historique. Il est donc probable que rien d'important n'aura été changé aux bases de culture et de façons établies par les moines de Cîteaux, maîtres des maîtres en agriculture et en viticulture. Ce sont eux qui les premiers ont fait une dignité et un art de travail manuel de la terre. Leurs fermes furent des fermes-modèles, leurs granges, les ganges-écoles de l'Europe, et quand il se mirent à la vigne, ce fut comme ils s'étaient mis aux champs, en savants, en amateurs, et en artistes.

L'étude rétrospective et comparative du prix des vins du Clos n'est pas sans intérêt; nous allons, en finissant, essayer d'en donner un aperçu.

La queue de vin, deux pièces ou 456 litres, se vend de nos jours, en première livraison, sortant du Clos et selon les années, de 1000 à 1500 francs et au-dessus. Or, un fragment retrouvé des comptes de Cîteaux donne le prix du vin de Vougeot en 1367 et 1368 : il se vendait alors *sept francs la queue.*

L'écart, comme on le voit, est considérable; mais pour faire une juste appréciation de la valeur des monnaies dans ce temps, il suffit de savoir que les vignerons recevaient trois ou quatre sous pour une journée de travail, que l'on avait un boisseau de blé pour le même prix et que le muid (ou tonneau) d'excellent vin se vendait vingt sous. Les archives de la ville de Nuits ont, paraît-il, gardé le prix des vins du Clos de Vougeot de 1660 à 1789; nous devons à l'obligeance de nos confrères MM. Collenet, curé de Gilly-les Cîteaux et Garnier, prêtre retiré à Nuits, qui nous ont communiqué, le premier, les registres de sa paroisse, et le second, la mercuriale officielle de Nuits de 1728 à 1781, la connaissance du prix des vins du Clos pendant la plus grande partie du dix-huitième siècle.

Voici ce que nous lisons dans le livre des comptes de la Confrérie du Très-Saint-Sacrement de Gilly-les-Cîteaux :

« Le vingtiesme octobre 1715, j'ay achetté deux feuillettes du vin provenant de la queste qui a été faitte au Clos de Vougeot la présente année pour la Confrairie du Saint-Sacrement, lesquelles m'ont été deslivrées par monsieur le curé et Jacques Mercier à l'issue des vespres après que personne n'a voulu susdire mon enchère qui estoit de 33 francs 10 sols. Sur laquelle somme j'ay rambourse monsieur le curé de 3 francs 17 sols tant pour avoir fourny les futailles que le remplissage jusqua ce jour reste du-dit article pour vingt neuf livres treize sols de laquelle somme je me charge en foy de quoy je me soubsigné. 29 francs 13 sols Pallereau, Secrétaire et receveur de la Confrérie du Saint-Sacrement. »

« Le 10 décembre 1717 a esté mis dans le tronc de la Confrairie a somme de quarante livres provenant de la vente d'une feuillette de vin qui a esté questée au Clos de Vougeot la dite annéc par le frère Joly Convers de Cisteaux en présence de monsieur le curé, de M. Bertault et de Pallereau soubsignés—signé—Thevenois, Berthault, G. Pallereau. »

En 1715, année mauvaise, le vin du Clos s'était vendu soixante-six francs la queue, et en 1717, année ordinaire, cent soixante francs.

Nous donnons à la fin de cette Notice la table officielle du prix des vins du Clos de 1728 à 1781, en leur opposant, pour terme de comparaison, les prix des vins fins de Nuits et de Premeaux. Nous avons, pour simplifier, supprimé le prix des vins blancs du Clos qui d'ailleurs est presque toujours, à de très rares exceptions près, taxé comme le vin rouge. Il est bon de rappeler aussi que la valeur de l'argent en 1728 était de quatre fois, et en 1781 d'au moins trois fois, supérieure à celle d'aujourd'hui.

La propriété du Clos de Vougeot demeura aux religieux de Cîteaux jusqu'en 1791. Le dernier abbé qui habita le manoir du Clos fut Dom François Trouvé, qui, en 1797, fut inhumé près de l'église de Vosne, à peu de distance du fameux vignoble : le dernier cellérier avait un nom en harmonie avec ses fonctions, il s'appelait Dom Goblet. Il mourut à Dijon, en 1813. On prétend qu'en quittant, non sans regret, son habitation de Vougeot, il emporta le plus qu'il put de son vin. En 1800, après la victoire de Marengo, Bonaparte Ier Consul, lui aurait, dit-on, fait demander du vin du Clos ; le vieux moine aurait répondu fièrement : « J'ai du Clos de quarante ans ; mais s'il veut en boire qu'il vienne. »

On sait que l'assemblée Constituante décréta, le 13 février 1790, que les biens du Clergé étaient mis à la disposition de la nation ; en conséquence, le 17 janvier 1791, le Clos de Vougeot, déclaré propriété nationale, fut adjugé à un Sieur Focard, de Paris, avec le château de Gilly, les bois, terres et prés qui en dépendaient et la rente de Brétigny, pour un million cent quarante mille six cents francs. Ce dernier revendit presque aussitôt son lot à MM. Tourton et Ravel, banquiers à Paris. En 1820, M. Julien Ouvrard acheta le Clos de Vougeot et le domaine de Gilly à ces riches financiers. Après la mort de M. Julien Ouvrard, décédé en 1863, député au corps législatif, propriétaire et domicilié à Gilly-les-Cîteaux, ses propriétés furent mises en vente. Quelques années plus tard, le 7 Août 1869, avait lieu la vente aux enchères du Clos de Vougeot, à la requête de M. de Rochechouard, de M. le Marquis de la Garde et de Mme la Comtesse de Montalembert, neveux et nièce de M. Ouvrard. La mise à prix était de *deux millions;* il ne s'est pas présenté d'acquéreur.

Remis en vente le 13 novembre 1869 sur la mise à prix de *quinze cent mille francs*, M[r] le baron Thénard a été déclaré adjudicataire à *un million six cent trente mille francs.* Une surenchère a été faite à la requête des héritiers Ouvrard et la mise à prix a été portée à *dix-neuf cent deux mille francs.* L'adjudication a été définitivement tranchée à *dix-neuf cent deux mille cinq cent francs* à M[r] le comte de Rochechouard, à Mme la comtesse de Montalembert et à M[r] le marquis de la Garde, héritiers bénéficiaires.

Les journaux de la Côte-d'Or contenaient, le jeudi 23 juin 1887, l'entrefilet suivant : « Mardi on a mis en adjudication, à la Chambre des notaires de Paris, le Clos-Vougeot, qui n'a pas trouvé d'acquéreur. Pourtant un grand nombre de propriétaires viticulteurs s'étaient donné rendez-vous dans la grande salle de la Chambre des notaires, où avait lieu l'adjudication.

« La mise à prix était de 1,200,000 francs. Il paraît que les quarante-sept hectares composant le crû célèbre n'ont pas tenté les amateurs : aucun d'eux n'a élevé l'enchère.

« Une nouvelle adjudication aura lieu très prochainement et la mise à prix sera baissée d'une manière très sensible. »

S'il nous était permis d'exprimer un vœu en terminant cette étude, nous souhaiterions au futur propriétaire du beau domaine de Vougeot, des goûts artistiques pour le porter à restaurer le splendide manoir, et l'esprit chrétien pour le rendre digne de succéder aux Cisterciens et de recueillir le fruit de leurs travaux.

Pri de la queue ou deux pièces : 456 litres des vins ci-après.

Années.	Clos de Vougeot	Nuits.	Promeaux.	Qualité	Observations. Température.
1728	118	120	110	très bonne.	Chaude, favorable.
1729	69	70	68	s. franchise	Grêle affreuse en août.
1730	118	120	115	très bonne.	Temps favora le.
1731	134	135	130	bonne.	Temps assez favorable.
1732	188	190	185	médiocre.	Ouragan, grlée en mai.
1733	175	200	190	mdiocre .	
1734	218	220	210	très bonne.	
1735	148	150	100	mauvaise.	Froid, pluies, coulure.
1736	315	320	310	très bonne.	Gelée en mai.
1737	250	130	140	très bonne.	
1738	245	250	230		
1739	150	160	150		
1740	50	50	50	T. mauv.	Gelée pendant toute l'année. On casse la glace dans les cuves.
1741	290	290	290		Gelée en mai.
1742	160	160	160		
1743	200	170	170		
1744	110	110	105		
1745	260	260	250		14 mai, grêle générale.
1746	275	275	265		
1747	140	140	130	mauvaise.	Froid, pluies.
1748	320	320	310	très bonne.	Gelée en mai, le reste de l'An. Fav.
1749	290	290	280		Gelée en mai.
1750	300	300	290		
1751	110	110	105	mauvaise.	Froid.
1752	210	210	200		
1753	230	230	220		
1754	100	100	90		
1755	100	100	90		
1756	90	90	85	très mauv.	Grêle en juin, pluies, vers et pourriture.
1757	300	300	290		
1758	160	160	150		
1759	300	320	310	s. franchise	Orages, grêle en juin.
1760	305	310	305	très bonne.	Grande sécheresse.
1761	140	150	140	bonne.	Temps favorable.
1762	150	160	150	assez bon.	
1763	52	54	52	très mau.	Froid. On détourne la neige le 5 octobre pour trouver le raisin.
1764	260	270	260	très bonne.	
1765	100	104	100	mauvaise.	Grêle en septembre.
1766	270	280	270	très bonne.	
1767	140	145	135	mauvaise.	Froid, pluies.
1768	165	170	165	s. franchise	Temps humide, pourriture.
1769	290	300	290		
1770	470	430	470		
1771	360	370	360		Gelée.
1772	300	270	300		Pluies et neige en mai. Contestation pour les prix en 1772.
1773	290	300	290		
1774	300	300-260	290		
1775	240	240-200	230		Gelée en vendange.
1776	180	180	170		
1777	350	350	340		
1778	270	270	260		
1779	«	«	«		
1780	«	«	«		
1781	155	155	145		

DU MÊME AUTEUR

1865. — *Vie de Saint-Valentin de Griselle* . . . . 1 fr.

1865-1888. — Vingt-quatre brochures du *Calendrier Liturgique*, suivies d'un *Cours de Liturgie* . . . . épuisé

1870. — *Le dogme de l'Infaillibilité papale.*

1871. — *Mémoire sur l'Invasion allemande.*

1875-1881-1886. — *Opuscules du Jubilé.* . . . . épuisé.

1876. — *Biographie de Rameau.* . . . . épuisé.

1877. — *Notice sur Notre-Dame de Lourdes.* . . . . épuisé.

1880. — *Manuel de l'Adoration perpétuelle du Très-Saint Sacrement.* . . . . 1 fr.

Librairie Chevalier, place des Ducs de Bourgogne

1886. — *L'Œuvre religieuse de Rude* . . . . 1 fr.

Même librairie.

1887. — *Biographie de Joseph Garraud*, statuaire dijonnais, Directeur et inspecteur général des Beaux-Arts, in-8° de 112 p., avec trois gravures. . . . . 5 fr.

En vente chez V. Darantière, imprimeur, rue Chabot-Charny, 95, Dijon.

1887. — Discours prononcé à Premeaux le 24 Mai 1887 . . . . épuisé.

1887. — Etude sur Rameau, organiste, etc . . . . épuisé.

www.ingramcontent.com/pod-product-compliance
Ingram Content Group UK Ltd.
Pitfield, Milton Keynes, MK11 3LW, UK
UKHW020358250726
13967UKWH00005B/2361

9 782013 053945